SOCIÉTÉ DES SCIENCES,
DE L'AGRICULTURE ET DES ARTS DE LILLE.

SÉANCE SOLENNELLE

Du 8 Juillet 1900.

DISCOURS

de M. P. HALLEZ, Président de la Société.

DU DOMAINE DE LA ZOOLOGIE.

LILLE,
IMPRIMERIE L. DANEL.
1900.

SOCIÉTÉ DES SCIENCES,
DE L'AGRICULTURE ET DES ARTS DE LILLE.

SÉANCE SOLENNELLE

Du 8 Juillet 1900.

DISCOURS

de M. P. HALLEZ, Président de la Société.

MESSIEURS,

On n'a généralement que des idées bien vagues sur la
zoologie. Ces hommes qui passent une grande partie de
leur existence à regarder dans un microscope et qui, le
reste du temps, parcourent les forêts, fouillent les étangs,
explorent le fond de la mer à la recherche de leur matériel
d'études, sont considérés, je suppose, comme atteints d'une
douce monomanie.

Combien de fois, et non sans malice, combien de fois
m'a-t-on dit : « Que faites-vous ? à quoi cela sert-il ? ».

Les initiés ne posant pas cette question, la réponse est
embarrassante, elle ne peut pas tout au moins être brève
car, suivant le précepte DE DESTUTT de TRACY (1), « pour

(1) *Éléments d'Idéologie*, t. I.

» être bien compris, il faut toujours partir du point où sont
» les gens à qui l'on parle et des idées qui leur sont les plus
» familières ».

Un homme intelligent, mais peu versé dans l'étude des
sciences naturelles, quoiqu'il s'amusât à recueillir quelques
insectes dans son jardin, me demandait un jour si l'on ne
pourrait pas classer ces animaux d'après le nombre et la
distribution des poils sur leur corps. Il avait fait à ce sujet
quelques constatations qui prouvaient un certain don d'observation, et il ne paraissait pas vouloir se payer ma tête.
Rapprochant cette naïveté des extraordinaires réponses
qu'on nous sert périodiquement aux examens du bacca-
lauréat, je pensai que décidément la zoologie n'est pas la
branche des connaissances humaines la plus vulgarisée.

J'ai cette impression que, même dans une partie du
monde intellectuel, on s'imagine que le but suprême de
cette science est de dresser le catalogue complet des espèces
animales, de les grouper en familles et de tracer leur répar-
tition géographique.

Ce sont ces considérations qui m'ont décidé à profiter de
l'occasion qui m'est offerte aujourd'hui pour parler du
domaine de la zoologie. Je tâcherai de ne pas dépasser les
limites légitimes de votre patience.

*
* *

Les études zoologiques exigent, comme toutes les
sciences, une éducation spéciale qui doit surtout développer
le sens de l'observation, habituer à la précision expéri-
mentale, exercer l'esprit à la comparaison des faits. Il ne
faut pas croire qu'on puisse aborder d'emblée une étude
délicate, faire une observation difficile sans avoir appris à
voir.

Un voyageur anglais a rendu compte de l'impression
produite par un dessin sur des sauvages de l'Australie.
« Je leur ai montré, dit-il, un grand dessin colorié représen-

» tant un indigène de la Nouvelle-Hollande. L'un déclara
» que c'était un vaisseau, un autre un Kangourou. Il ne s'en
» est pas trouvé un seul sur douze qu'ils étaient pour
» comprendre que ce dessin avait quelque rapport avec
» lui-même ».

S'il faut déjà une certaine éducation de l'œil et un certain
travail de l'esprit pour comprendre un dessin, il faut certes
que cette éducation et ce travail soient poussés bien plus
loin pour lire et interpréter les images avec l'aide du microscope.

Cette éducation d'ailleurs se fait graduellement mais
rapidement. Le jeune naturaliste ne peut mieux faire que
de commencer par recueillir des échantillons, les examiner
attentivement à l'œil nu, puis à la loupe, et les collectionner
afin de les comparer ensuite.

Les collectionneurs sont de très précieux auxiliaires du
zoologiste, et je regrette vivement que leur nombre soit si
restreint dans notre région. Je parle du collectionneur
vraiment utile, de celui qui se borne à recueillir les espèces
ou une catégorie d'espèces d'une contrée délimitée, en
tenant note des dates de la capture, des localités et autres
circonstances propres à éclairer l'histoire des animaux
recueillis. Celui-là, par son travail patient, détermine la
faune d'une région à un moment donné, il en suit les
variations dont il peut déterminer les causes, il établit un
document précieux pour l'étude plus générale de la distribution géographique des espèces animales.

Mais les études faunistiques ne constituent qu'une faible
partie de la zoologie qui, suivant l'étymologie, est l'étude
des animaux.

« Cette science, dit Paul BERT (1), comprend la connais-
» sance des animaux, de leurs mœurs, de leur distribution à
» la surface du globe, des parties qui composent leur corps

(1) *Leçons de physiologie professées à la Sorbonne.*

» et de l'usage de ces parties, de leurs rapports entre eux,
» de leurs sociétés, de leurs guerres, de leur relation avec
» les plantes dont ils se nourrissent, de leurs relations avec
» nous, des dangers dont ils nous menacent, des services
» qu'ils nous rendent. Elle comprend plus encore, puis-
» qu'elle comprend notre propre histoire, l'histoire de notre
» corps ».

Voilà une bonne définition, quoique encore incomplète.
Notons que toutes ces parties de la zoologie se tiennent
étroitement.

Les relations qui existent entre l'anatomie et la physiologie
ont été établies par H. MILNE-EDWARDS dès la première page
de ses impérissables leçons de physiologie et d'anatomie
comparée. « La physiologie et l'anatomie, dit-il, sont des
» parties inséparables d'une seule et même science. Non
» seulement elles se prêtent un mutuel et nécessaire appui,
» mais leur but est commun, et elles doivent se confondre
» sans cesse dans la pensée de tous ceux qui, à l'exemple
» d'Aristote, cherchent à connaître la nature des animaux.
» Quel intérêt, en effet, le philosophe trouverait-il dans
» l'étude de la structure intérieure de tous ces êtres, si cette
» étude ne se liait, dans son esprit, à celle des fonctions de
» leurs organes ? et comment pourrait-il acquérir des idées
» saines touchant les facultés dont les corps vivants sont
» doués, s'il restait dans l'ignorance des agents matériels ou
» instruments à l'aide desquels ces facultés s'exercent ? »

Un de mes jeunes collègues de l'Université a développé
cette idée, il n'y a pas bien longtemps, que la séparation
des phénomènes est la source des perfectionnements
industriels. Il a montré que le tison enflammé représente
en puissance la fabrication du gaz d'éclairage, la récupé-
ration et l'incandescence. Tous les perfectionnements
apportés à l'éclairage ont consisté dans la séparation des
divers phénomènes de la combustion, séparation provoquée
dans le but de pouvoir régler ces phénomènes et de leur
faire rendre leur maximum d'effet.

Il est évident que ces perfectionnements de la lampe n'ont pas été obtenus sans complications apportées dans l'appareil d'éclairage. Il est évident aussi que plus le système est perfectionné, c'est-à-dire plus la séparation des phénomènes est complète, plus aussi les pièces de ce système sont nombreuses et dépendantes les unes des autres, si bien qu'un accident de minime importance, survenu à l'une des parties, est désastreux au point de vue du résultat, bien que toutes les autres pièces de l'appareil soient intactes et que le gaz soit toujours de même qualité.

Le perfectionnement des phénomènes biologiques suit une marche parallèle.

Les organismes peu différenciés, les Infusoires par exemple, comme le tison enflammé, sont le siège de phénomènes complexes, confus, extrêmement difficiles à étudier parce que, n'étant pas séparés, localisés, captés, ils se combinent et se confondent.

A mesure que l'organisme se perfectionne par la séparation, la localisation des divers phénomènes physiologiques ou fonctions, à mesure que l'organisme se perfectionne par la division du travail, pour employer l'expression consacrée, alors les phénomènes sont de moins en moins confus, complexes, ils deviennent relativement faciles à analyser, à préciser, et en même temps ces phénomènes produisent leur maximum d'effet.

Mais aussi cette division du travail, source du perfectionnement de l'organisme, lorsqu'elle a atteint son summum, met cet organisme dans un état précaire. Un petit accident se produisant dans l'un des organes, peut compromettre l'ensemble et amener une destruction totale, bien que tous les autres organes soient intacts et que le liquide nourricier soit encore de bonne qualité.

Le Protozoaire peut perdre les 2/3 et même les 3/4 de sa substance sans être tué, sans que son activité vitale, son aptitude à la régénération et à la reproduction soient amoindris. Une piqûre d'épingle faite en un certain point du cerveau, peut foudroyer le Mammifère.

Entre le Protozoaire à fonctions aussi peu différenciées que possible et le Mammifère différencié à outrance, il y a toute une série de perfectionnements physiologiques.

Or ces perfectionnements des fonctions sont intimement liés à la multiplicité et à la différenciation des organes.

Considérons maintenant ces êtres qui, nés libres et indépendants, se dégradent en adoptant soit une vie sédentaire, soit une vie parasitaire. Nous voyons successivement disparaître, chez l'adulte, les organes de locomotion, les organes des sens qu'avait la larve. Le système nerveux s'atrophie, l'appareil digestif même devient rudimentaire ou n'existe plus, si bien que le vrai parasite, qui a atteint le maximum de la dégradation, n'est plus qu'un sac informe plein d'œufs et pourvu de ventouses ou de crampons destinés à le fixer à son hôte. Cette dégradation des organes est accompagnée d'une simplification des fonctions. Le parasite n'a plus de relations avec le monde extérieur ; dépourvu d'organes sensoriels, il n'a plus qu'une vague sensibilité générale, son centre nerveux n'est plus qu'un moteur qui produit des œufs, qui contracte les ventouses et serre les crampons.

Il est donc bien impossible de séparer l'étude des animaux à l'état statique et à l'état dynamique, c'est-à-dire de disjoindre la morphologie, dont l'anatomie n'est qu'une division, et la physiologie, sous peine de n'aboutir qu'à des résultats dépourvus d'intérêt.

*
* *

Les études morphologiques doivent en outre être éclairées par une détermination exacte de toutes les conditions de vie des espèces animales.

Leurs mœurs, leurs guerres, leurs industries exigent

des conformations déterminées, des armes variées, des outils spéciaux.

L'organisation de leurs sociétés entraîne parfois un remarquable polymorphisme entre les individus qui composent ces sociétés.

Les rapports des espèces avec leur substratum nous dévoilent un étonnant mimétisme. Tel insecte ressemble extraordinairement à la feuille sur laquelle il se tient d'habitude, il en a la forme, la couleur et jusqu'au détail des nervures. Tel autre se confond avec la branchette sur laquelle il se perche, il en a la rigidité, l'aspect anguleux, la couleur, il en garde l'immobilité. Telle espèce de mollusque prend les apparences les plus variées suivant qu'elle fait choix de tel ou tel domicile.

Les rapports des espèces avec le milieu extérieur et avec les autres animaux ou les végétaux font comprendre les diverses dispositions des appareils de locomotion, de respiration, de digestion et d'une foule d'organes de protection et d'attaque.

Les conditions éthologiques sont en effet la raison d'être des formes extérieures des animaux et de leur organisation tout entière. Cela est si vrai que des types différents, mais vivant dans des conditions analogues, prennent un faux air de famille. Leur ressemblance est telle que parfois les zoologistes eux-mêmes s'y laissent prendre.

L'étude de ces convergences est des plus instructives pour le morphologiste. Les espèces pélagiques, qui appartiennent aux groupes les plus divers du règne animal, ont toutes des caractères communs. Il en est de même pour les espèces sédentaires. Les parasites qui, comme nous l'avons vu, se réduisent finalement à l'état de sacs remplis d'œufs, appartiennent à des groupes très différents. Leur ressemblance pourtant peut être si grande qu'il serait impossible de les ranger à leur vraie place dans la classification, si leurs formes jeunes et libres ne nous permettaient pas de les distinguer.

Le régime, le mode de locomotion sont encore des causes d'adaptation convergente.

Si des conditions semblables peuvent produire d'étranges ressemblances, des changements dans les conditions d'existence provoquent des modifications dans les organismes. Une même espèce, transportée dans différentes parties du monde, ou bien ne s'acclimate pas et disparaît, comme c'est le cas pour les chiens européens qui dégénèrent rapidement dans l'Inde, tant au point de vue de la conformation que des instincts, ou bien elle se transforme en s'adaptant aux exigences nouvelles d'existence.

On a de nombreux exemples de ces transformations. Le climat en est un des facteurs importants, il exerce une action très définie notamment sur le poil des animaux. C'est ainsi que le dogue et la chèvre du Thibet, amenés de l'Himalaya au Kashmir, perdent leur fine laine, et que les moutons Karakols perdent leur toison particulière noire et frisée lorsqu'on les transporte dans un autre pays. Les conditions climatériques expliquent une foule de faits. A Angora, par exemple, les chats, les chiens de bergers et les chèvres ont un poil fin et laineux : l'épaisseur de leur toison est attribuable aux hivers rigoureux et leur lustre soyeux à la chaleur des étés. Des chevaux restés pendant plusieurs années dans des mines de houille profondes, en Belgique, se sont, dit-on, recouverts d'un poil velouté analogue à celui de la taupe (1).

Les caractères des animaux peuvent encore se modifier brusquement et parfois profondément, en dehors de toute influence climatérique. Ce sont alors de véritables monstruosités qui apparaissent et qui, fixées par sélection, engendrent des races. On en connaît des exemples parmi les animaux inférieurs chez lesquels l'homme n'est pas intervenu pour pratiquer la sélection. Mais c'est surtout

_____

(1) DARWIN. *De la variation des animaux et des plantes*, t. II, p. 281.

parmi les animaux domestiques que les cas sont nombreux. Je ne citerai que les plus connus : les bouledogues, la race bovine niata des rives de la Plata, les chiens bassets à jambes torses, les moutons ancons apparus en 1791 dans le Massachusetts, les poules, canards, oies et pigeons huppés, les pigeons culbutants, la race des moutons mérinos à laine longue, droite, lisse et soyeuse, issue d'un agneau né en 1828 dans la ferme Mauchamp, et enfin ces poissons rouges aux formes étranges que l'on considérait comme des productions fantaisistes des artistes chinois avant qu'ils aient été introduits en Europe.

Nous venons de voir que l'homme, par une sélection attentive, peut créer des races à l'aide de quelques individus, quelquefois même d'un seul, présentant des caractères que les parents n'avaient pas. Il est bon de remarquer qu'il peut, aussi par sélection, contrebalancer la tendance des animaux à la variation. « M. Lasterye, après avoir discuté ce sujet, le » résume comme suit : « La conservation de la race » mérinos dans sa plus grande pureté, au cap de Bonne- ». Espérance, dans les marécages de la Hollande et sous le » climat rigoureux de la Suède, vient à l'appui de mon » principe invariable, à savoir qu'on peut élever des » moutons à laine fine partout où il existe des hommes » industrieux et des éleveurs intelligents (1) ».

En résumé, les espèces sont malléables au moins dans une certaine mesure ; elles sont à la merci des conditions de vie. Si celles-ci se modifient, soit par suite de changements climatériques, soit par suite de toute autre cause naturelle ou provoquée par l'homme, les animaux ou bien émigrent, ou bien s'adaptent en se modifiant, ou bien meurent.

Il y a là tout un ensemble de connaissances auxquelles se rattache l'importante question de l'hérédité, et qui sont encore du domaine de la zoologie. Ces connaissances, pas

---

(1) *De la variation des animaux et des plantes*, t. 1, p. 109.

plus que la physiologie, ne peuvent être séparées de la zoologie, parce qu'elles apportent à la morphologie des données indispensables.

*
* *

La morphologie n'a pas seulement pour objet la connaissance des formes extérieures et de l'organisation interne, elle comprend en outre l'étude des formes successives par lesquelles passe tout individu avant d'arriver à l'âge adulte, la connaissance des divers processus évolutifs, la recherche de la structure intime de chaque organe, de chaque tissu, de chaque élément et des modes de reproduction et de transformation de ces éléments.

Et quels enseignements précieux pour la morphologie et la physiologie se détachent de l'étude du développement embryogénique et de celle de l'élément cellulaire! Cette cellule qu'on commence à bien connaître et qu'on soumet, depuis peu de temps, à des expériences précises, n'a certes pas répondu à tout ce qu'on lui demande, et déjà nous voyons que c'est à elle qu'il faut remonter pour élucider la plupart des questions de la biologie.

La physiologie, de son côté, ne doit pas se borner à déterminer les fonctions des divers organes de l'adulte, mais aussi le rôle qu'ils jouent aux différents âges de la vie, dès le moment où ils apparaissent dans l'embryon.

Toutes les parties de la zoologie que je viens d'énumérer constituent ce qu'on pourrait appeler l'histoire moderne de la vie animale à la surface de la terre. Mais cette vie a aussi son histoire ancienne. Elle comprend l'étude de ces formes disparues qui ont vécu aux différents âges de notre planète et dont on retrouve les débris dans les couches géologiques, ossuaire immense qui, suivant l'expression énergique de BLAINVILLE, « renferme les vestiges animés qui éternisent » dans la mort les formes de la vie ».

.C'est dans ces archives éparses que le zoologiste doit fouiller, c'est là qu'il trouve de lumineux termes de comparaison avec les formes actuelles.

*
* *

Ce simple exposé, fortement écourté, nous montre combien est vaste le domaine de la zoologie. Il est si vaste qu'on doit se spécialiser dans ses recherches, et c'est à cause de cette division du travail que beaucoup de bons esprits ont fini par croire sincèrement que chaque chapitre, qui porte une étiquette spéciale, constitue une science à part et que le zoologiste n'a plus qu'à s'occuper de taxonomie.

C'est une erreur. L'enseignement de la zoologie doit embrasser la science dans son ensemble, car toutes ses parties se lient intimement les unes aux autres et s'éclairent mutuellement. C'est un enseignement qui devient de plus en plus chargé.

Et je n'ai fait encore qu'esquisser une partie de son programme. Il y en a une autre.

*
* *

C'est le champ de l'idée en zoologie, champ presque aussi grand que le domaine dont il dépend.

A quoi nous servirait d'approfondir tous les organismes, toutes leurs fonctions, à quoi nous servirait de connaître toute cette accumulation de faits, si nous ne pouvions pas arriver à une série de principes généraux qui les relient en faisceaux ? La recherche scientifique vaudrait-elle l'effort qu'elle exige ?

Ceux que le positif des choses ne satisfait pas entièrement, « ceux qui aiment à trouver partout la pensée sous la » matière, le beau sous l'utile et les magnificences de la » vérité à côté des intérêts de la vie » n'ignorent pas « que

» la science a, comme la poésie, sa splendeur qui ravit les
» intelligences (1) » et ils sont parfois plus sensibles au
plaisir délicat que fait éprouver la conquête d'une idée
qu'aux applications utiles qui peuvent être la conséquence
de cette conquête.

Nous avons heureusement une méthode qui nous permet,
en comparant et en condensant les faits, de voir au delà de
l'observation et d'élargir l'horizon de nos pensées.

A côté de la morphologie et de la physiologie descriptives,
il y a la morphologie et la physiologie comparées ou synthé-
tiques qui, par voie d'induction, nous autorisent à passer
d'un ensemble de faits, établis par l'observation et l'expérimentation, à une loi générale qui les embrasse tous, de telle
sorte que ces faits nous apparaissent dès lors comme des
conséquences de la loi qui les régit.

Les zoologistes ont pu établir quelques lois et poser un
certain nombre de principes dont quelques-uns sont
confirmés par une longue série de patientes recherches.

Je ne citerai, comme exemples, que les lois de la
segmentation des œufs et le principe de la corrélation des
formes qui a permis à CUVIER de restaurer, à l'aide de
quelques ossements seulement, la plupart des Mammifères
du gypse parisien découverts à son époque et d'induire, de
l'organisation de ces animaux, des notions sur leurs
mœurs.

*
* *

Mais les zoologistes prétendent s'élever plus haut. Ils se
sont efforcés, surtout depuis le commencement de ce siècle,
à rattacher les lois et les principes biologiques en un
faisceau unique, de façon à arriver à une théorie générale.

Nos tentatives dans cette voie sont-elles légitimes ? Le
véritable philosophe doit-il, par crainte de tomber dans
l'erreur, se borner à enregistrer les faits ?

---

(1) LITTRÉ. *La science au point de vue philosophique*, p. 54.

« Une pareille pensée, dit H. Milne-Edwards (1), serait
» excusable chez un ouvrier obscur qui, employé sans
» relâche à tailler dans le sein de la terre les matériaux d'un
» vaste édifice, croirait que le rôle de l'architecte ne
» consiste qu'à entasser pierre sur pierre, et ne verrait
» dans le plan tracé d'avance par le crayon de l'artiste qu'un
» jeu de son imagination, une fantaisie inutile. Mais
» l'ouvrier carrier lui-même, s'il ne restait pas dans son
» souterrain, et s'il voyait tous les blocs informes qu'il en
» a tirés se réunir sous la main du maître pour constituer
» le Parthénon d'Athènes ou le Colisée de Rome,
» comprendrait que la science de l'architecte n'est pas une
» science inutile, lors même que le monument créé par son
» génie ne devrait avoir qu'une durée éphémère, et que les
» débris de l'édifice tombé en ruines ne serviraient plus
» tard que de matériaux pour des constructions nouvelles.
» Il en est de même pour les théories dans la science : ce
» sont elles qui y donnent la forme et le mouvement ; qui
» servent de lien entre les faits dont la réunion en faisceaux
» est une des conditions de leur emploi utile ; qui guident
» et excitent les explorateurs dans la voie des découvertes ».
Oui les conceptions théoriques des zoologistes sont
légitimes ; elles sont même nécessaires, quoique essen-
tiellement modifiables à mesure que des données nouvelles
sont acquises par l'observation et l'expérimentation.

Mais la tâche est difficile et délicate. Combien d'efforts
sont nécessaires pour agencer tous les faits si nombreux,
parfois si contradictoires en apparence !

« Lorsqu'une goutte de savon, dit Jules Breton (2), donne
» plusieurs bulles successives au bout du chalumeau dans
» lequel souffle un enfant, la première est lourde et com-
» mune ; la seconde se raffine déjà, mais ce n'est qu'à la
» troisième ou à la quatrième qu'apparaissent les teintes les

---

(1) *Leçons sur la physiologie et l'anatomie comparée*, t. 1, p. 9.
(2) *Un peintre paysan*, p. 197.

» plus délicates, les irisations les plus exquises. Telle est
» la marche des productions de l'artiste. »

C'est en effet par une longue série d'études ingrates et de
tâtonnements obscurs que le peintre arrive enfin à exprimer
avec puissance les impressions profondes qu'il éprouve en
présence de la nature. C'est aussi par une série de tâtonnements laborieux que le zoologiste, remaniant sans
découragement les matériaux de l'édifice croulant pour
faire de nouvelles constructions arrivera enfin à élever un
monument durable, expression des merveilles de la vie. Les
conceptions provisoires sont aussi utiles et aussi nécessaires
au biologiste que le sont, à l'artiste, les esquisses tant de
fois recommencées.

C'est ce qu'on n'a pas toujours compris. On nous a accusé
d'être des romanciers. Cette critique n'est pas dépourvue
d'une certaine justesse. Mais le mot roman a plusieurs
acceptions. Il convient donc de s'entendre sur ce point.

Il est des romans qu'il ne faut pas traiter avec dédain.
Quand ils sont l'expression exagérée ou simplifiée de choses
réelles, ils peuvent être des chefs-d'œuvre. « Nous n'avons
» jamais rencontré dans les chemins de ce monde, dit
» Victor CHERBULIEZ (1), ni la colère d'Achille, traînant le
» cadavre d'Hector autour du tombeau de Patrocle, ni les
» extravagances d'Hamlet, dont on ne sait pas encore s'il
» était fou ou s'il feignait la folie. Mais l'histoire nous
» montre des emportés dont les violences nous rappellent
» les fureurs d'Achille, et nous avons dit de plus d'un
» rêveur détraqué : « Il est de la race d'Hamlet. » Si Homère
» et Shakspeare n'avaient pas grossi leurs personnages en
» nous les faisant voir par le petit bout de la lunette, nous
» seraient-ils restés à jamais dans les yeux ? Les images
» simplifiées et exagérées des objets réels sont des types ou
» des exemplaires.....

(1) L'art et la nature.

» Echauffé par la vive impression qu'il a reçue, l'artiste
» nous en dit trop pour faire sentir assez ; il ment au profit
» de la vérité ».

Les auteurs cités par Cherbuliez voyaient à travers un
verre grossissant. D'autres simplifient ; ils regardent leurs
personnages en clignant les yeux et en donnent une pure
et exquise image.

Le zoologiste aussi étudie et interroge constamment la
nature. Quand il a surpris quelque secret, il est vivement
impressionné et ne résiste pas toujours au plaisir esthétique.
Toutefois, contrairement à l'artiste, qui ne serait plus digne
de ce nom s'il donnait une servile reproduction d'une
scène de la nature telle qu'il la voit ou que nous l'avons
vue nous-même sans y mettre quelque chose de son âme,
l'homme de science aimerait à faire un exposé rigoureu-
sement exact et c'est à cela qu'il vise. Mais si ses connaissances sont et resteront toujours incomplètes, du moins ses
exagérations et ses simplifications lui sont suggérées par
une méditation approfondie de la réalité. C'est là tout son
roman.

N'est-ce pas déjà beaucoup que de pouvoir s'approcher
de la vérité ? Serait-il plus sage d'attendre que les phénomènes de la vie fussent susceptibles d'une expression
mathématique, avant de les comparer, de les envisager dans
leur ensemble en les coordonnant, en en faisant une large
et expressive esquisse ?

Ceux qui ont lu l'*Essai sur la métaphysique d'Aristote*
par Ravaisson ont pu s'assurer que l'idée de la série
animale a été nettement formulée dans l'antiquité la plus
reculée. Mais c'est seulement au commencement de ce
siècle, qu'avec des procédés nouveaux fut tracée, par le
grand Lamarck, l'esquisse dont je parlais. Elle a été bien
des fois retouchée depuis, elle le sera bien des fois encore.
Chaque retouche fait disparaître quelque inexactitude,
quelque trait trop audacieux, précise les contours de

quelque coin resté flou, ajoute quelques lignes nouvelles ou harmonise mieux l'ensemble. Mais l'esquisse première se devine encore sous les multiples arrangements.

Si nous pouvons connaître les formes animales qui se sont succédées sur la terre, si nous pouvons contempler quelques-unes de leurs relations, leurs perfectionnements, leurs rétrogradations, leur extinction, s'il nous est donné, dans certains cas au moins, de pouvoir préciser le moment et l'origine de leurs modifications, le moment de leur extinction, et d'entrevoir les causes de ces modifications, de ces extinctions, combien aussi de lacunes devons-nous constater dans nos documents !

Ces lacunes, certains zoologistes à l'esprit aventureux les ont comblées avec désinvolture. Ils ont inventé, pour les besoins de leurs théories, des formes non existantes, sorties de leur imagination armées de pied en cap, comme la Minerve de la poésie antique. Ils ont supposé résolues des questions toujours posées et toujours restées sans réponse. Ceux-là ont fait de mauvais romans.

Il faut savoir avouer son ignorance, il faut savoir aussi s'arrêter au seuil du domaine des choses qui ne peuvent pas être connues et ne pas chercher à pénétrer l'impénétrable.

*
* *

C'est dans ce domaine qui nous est fermé que se trouve tout d'abord la question de l'origine.

La matière vivante, le protoplasme, diffère de la matière minérale par deux caractères essentiels. Le premier est son instabilité de composition qui ne rappelle en rien les décompositions chimiques les plus capricieuses. Le second réside dans ce que Sabatier a très justement appelé le pouvoir d'amorce qu'il définit : « Un état, un mouvement déja » existant et capable de provoquer par lui-même l'établis-» sement d'un état, ou mouvement semblable dans le milieu

» approprié (1) ». Et il ajoute : « L'amorce, dans le domaine
» matériel, est comparable à l'exemple dans le domaine
» moral ».

Or, si la matière minérale peut, dans certaines circonstances, par exemple dans la surfusion et la sursaturation,
prendre naissance sous l'influence d'une amorce ou d'un
germe, elle peut aussi, dans la plupart des cas, se former et
elle se forme en dehors de la présence et de l'influence d'une
portion de matière semblable. Elle peut donc se former
spontanément, c'est-à-dire sous l'influence seule du milieu
et des composants. La matière vivante, au contraire, ne
peut se former qu'en présence, au contact et sous l'influence
d'une parcelle de protoplasme préalablement formée et
jouant le rôle d'amorce, ce qui revient à dire que le protoplasme ne peut pas naître spontanément. Mais allons plus
loin. Demandons-nous si une particule quelconque de
matière vivante jouit du pouvoir d'amorce, c'est-à-dire est
capable de provoquer la formation d'une nouvelle quantité
de matière vivante. Nous sommes bien obligés de répondre :
non.

Ce qui est pourvu du pouvoir d'amorce, ce n'est pas une
particule quelconque de substance albuminoïde vivante,
c'est en réalité un organisme complexe, la cellule. Toute
cellule ou partie de cellule complètement dépourvue de
substance nucléaire est incapable de s'accroître, elle ne peut
plus se compléter, elle présente une altération de l'aptitude
du mouvement, elle est vouée à une mort prochaine et
certaine. Et pourtant rien n'est changé dans sa structure ni
dans sa composition. Le noyau, de son côté, isolé du
protoplasme qui l'entoure, ne peut rien. Pour rendre au
protoplasme son pouvoir d'amorce, il faut se hâter avant
que la mort ait achevé son œuvre, de lui restituer son noyau
ou un noyau emprunté à une autre cellule. Alors il pourra de
nouveau se multiplier.

(1) *La vie et la mort.*

D'autre part, le microscope décèle peu à peu la présence du noyau dans les organismes les plus inférieurs qui étaient réputés en être dépourvus. On ne peut donc plus concevoir une matière vivante privée de noyau. Le plus simple élément vivant c'est la cellule, c'est-à-dire un organisme déjà complexe et constitué au moins par deux substances essentielles, d'une nature et d'une structure très spéciales, qui ne peuvent pas aller l'une sans l'autre sans que toute manifestation de la vie cesse et que la décomposition s'ensuive. Ces deux substances essentielles sont : le protoplasme qu'on peut comparer au corps des organismes plus élevés, et le noyau, centre trophique et morphogène, sorte de cerveau rudimentaire.

Que nous voilà loin de la conception du mucus vivant primitif, le Urschleim, formé spontanément et origine de la vie !

« On conçoit, dit LITTRÉ (1), grâce à des faits expérimen-
» taux recueillis de toutes parts et transformés en lois,
» comment notre globe se refroidit, comment, en se refroi-
» dissant, il prend sa forme, comment l'atmosphère, les
» continents, la mer se constituent ; mais on ne conçoit
» plus comment la vie y paraît à un moment donné.
» Et ce fut bien à un moment donné : pendant des millions
» de siècles, la terre, vu son incandescence, fut impropre à
» toute vie ».

« La cosmogonie positive — ajoute-t-il plus loin — entend
» seulement exposer la liaison de quelques phases d'évolu-
» tion, mais elle renonce délibérément à rien expliquer au
» delà. Le domaine ultérieur est celui des choses qui ne
» peuvent pas être connues. La science positive professe de
» n'y rien nier, de n'y rien affirmer ; en un mot, elle ne
» connaît pas l'inconnaissable, mais elle en constate
» l'existence ».

---

(1) La science au point de vue philosophique.

En contemplant les découvertes et les progrès faits en son siècle, le poète a pu dire dans un élan enthousiaste :

« L'austère vérité n'a plus de portes closes. »

Mais, quand sorti de son éblouissement, il rentre en lui-même, l'inconnu se présente, le doute l'envahit :

« De tant de pas croisés quel est le but lointain ? »

Et, s'adressant à Dieu, il le prie de l'éclairer

Lille Imp. L. Danel

TOVT PAR AMOVR
RIEN PAR FORCE